BEI GRIN MACHT SICH IHR WISSEN BEZAHLT

- Wir veröffentlichen Ihre Hausarbeit, Bachelor- und Masterarbeit

- Ihr eigenes eBook und Buch - weltweit in allen wichtigen Shops

- Verdienen Sie an jedem Verkauf

Jetzt bei www.GRIN.com hochladen und kostenlos publizieren

Heiko Lindner

Bodenerosion und Bodendegradation in den Steppenlandschaften der ehemaligen Sowjetunion (insbes. Kulundasteppe)

GRIN Verlag

Bibliografische Information der Deutschen Nationalbibliothek:

Die Deutsche Bibliothek verzeichnet diese Publikation in der Deutschen National-
bibliografie; detaillierte bibliografische Daten sind im Internet über http://dnb.d-
nb.de/ abrufbar.

Impressum:

Copyright © 2013 GRIN Verlag GmbH
Druck und Bindung: Books on Demand GmbH, Norderstedt Germany
ISBN: 978-3-656-61067-0

RWTH Aachen

Geographisches Institut

Regionalseminar „Russischer Altai"

Sommersemester 2013

Hausarbeit

12. Mai 2013

Bodenerosion und Bodendegradation in den Steppenlandschaften der ehemaligen Sowjetunion (insbes. Kulundasteppe)

Heiko Lindner

Inhaltsverzeichnis

1 Einleitung

Von der Sowjetregierung als Maßnahme zur Sicherung der Nahrungsversorgung angestrebt, wurden durch die Neulandaktion unzählige Quadratkilometer Steppe zu Ackerland umgebrochen. Diese Kultivierung der Landschaft führte zunächst zu hohen Erträgen, dann – auf Grund mangelhafter Landnutzung – schnell zu Ertragseinbußen. Grund dafür war und ist eine zunehmende Bodendegradation und dabei im speziellen, die Winderosion. Neben dieser, wird jedoch auch zunehmend fluviale Erosion wahrgenommen. Bodenversalzung und -kompaktion spielen ebenfalls eine wichtige Rolle.

Besonderer Fokus wird auf die Kulundasteppe gelegt. Diese bildet den östlichen Ausläufer des Steppengürtels und der russischen Steppen. Sie grenzt direkt an das Altai-Gebirge an und ist somit Teil des Exkursionsgebietes des Regionalpraktikums.

Ferner gewannen die Ackerflächen, auch jene der Kulundasteppe, nach dem Zusammenbruch der Sowjetunion an Bedeutung, da mit dem Wegfall beispielsweise der Ukraine große Agrarregionen der Russischen Föderation nicht mehr zur Verfügung standen, aber dennoch eine autarke Versorgung gewährleistet bleiben sollte. Damit wurden bzw. werden die Böden der Steppe sehr intensiv genutzt, wodurch es hier zu wesentlichen Degradationserscheinungen kommt.

Teilweise wird die Kulundasteppe im Nachfolgenden als Stellvertreter für die übrigen Steppenregionen genutzt; teilweise wird auf Allgemein- oder Besonderheiten separat eingegangen.

Zunächst soll nun ein kurzer Überblick über die Steppenlandschaften der ehem. Sowjetunion und die Kulundasteppe gegeben werden. Ein Schwerpunkt liegt dabei auf der Landnutzung Kulundas. Im Anschluss daran wird auf die Problematik der Bodendegradation in den Steppenregionen der ehem. Sowjetunion Bezug genommen sowie zum Abschluss, Maßnahmen zum Schutz und zur Konservierung der Böden erläutert.

2 Naturräumlicher Überblick über die Steppen der ehem. Sowjetunion

Die ehemalige Sowjetunion bildete das flächenmäßig größte Land der Welt. Damit ist auch die Ausdehnung des Naturraums entsprechend groß und bietet eine Vielzahl von Klimaten und Vegetationszonen sowie verschiedensten Oberflächenformen, Bodenarten und -typen. Hier soll insbesondere auf die Steppen- und Waldsteppenlandschaften der ehemaligen Sowjetunion eingegangen werden dabei wird die Kulundasteppe wiederum fokussiert behandelt.

2.1 Vegetationszonen in der ehemaligen Sowjetunion und Klima der Steppen

Wie in Abbildung 1 dargestellt, erstreckt sich die Tundra über den gesamten Norden, übergehend in die ausgedehnten Nadelwälder der Taiga. Im Westen - im europäischen Russland - wie auch im äussersten Osten befinden sich Mischwälder (Lydolph 1990: 91 ff.).

Wichtiger sind im hier betrachteten Kontext jedoch die Waldsteppe und die eigentliche, typische Steppe. Beide bilden ein breites Band, das sich von der Westgrenze der ehem. Sowjetunion bis zum Altai erstreckt. Hier endet dieses Band abrupt und wendet sich durch die Kulundasteppe entlang der Westabdachung des Altai nach Süden. Vereinzelte Gebiete mit der typischen Vegetation der Waldsteppe finden sich zudem noch in intermontanen Senken in Ostsibirien (Lydolph 1990: 94).

Die Waldsteppe grenzt im Norden an die Taiga an und bildet einen 250 – 500 km breiten Gürtel. Sie zeichnet sich als eine Übergangszone zwischen den Nadelwäldern der Taiga - bzw. im Westen der Mischwälder - und der Steppe aus (Lydolph 1990: 93). Als Vegetation wird das originäre Steppengras durch vereinzelte Baumgruppen unterbrochen. Letztere befinden sich häufig in Flusstälern (Lydolph 1990: 94).

Südlich an die Waldsteppe grenzt die typische Steppe an. Sie erstreckt sich von der Ukraine über die Krim bis nach Westsibirien und Nordkasachstan sowie die Westhälfte des nördlichen Kaukasusvorlandes (ebd.). Die Steppe ist praktisch baumlos; die vorherrschende, typische Vegetation bildet hier kurzes Steppengras (ebd.).

Weiter nach Süden schließen sich an die Steppe Halbwüsten und Wüsten an. Weitere große Flächen beanspruchen sowohl im Ural, aber insbesondere weiter östlich, Gebirge (Lydolph 1990: 90). Auf diese Zonen wird im Nachfolgenden nicht weiter eingegangen.

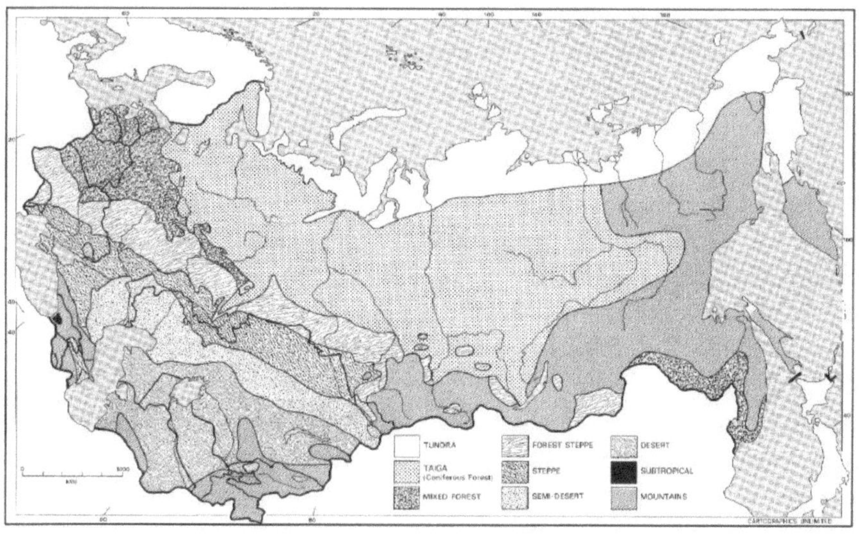

Abb. 1: Vegetationszonen der ehem. Sowjetunion (Quelle: Berg 1950: 352)

Die verschiedenen Vegetationszonen konnten sich auf Grund der verschiedenen Klimate entwickeln. Voraussetzung für die Bildung der Steppen ist die hohe Kontinentalität des Klimas in der betrachteten Region.

Das Klima der Kulundasteppe beispielsweise, wird durch lange, kalte Winter und kurze, trockene, warme Sommer charakterisiert. Es wird durch Kaltluft vom Karskoye See und von warmer, trockener Luft der kasachischen Steppe beeinflusst. Der durchschnittliche Jahresniederschlag beträgt zwischen 240 und 360 mm (Rudaya et al. 33) im nordöstlichen Teil, also im Übergang zur Waldsteppe und im Stau des Altais, bis 405 mm (Damann et al. 2011: 33). Ein Großteil davon fällt während der Sommermonate (Rudaya et al. 33). Die Niederschlagshöhe übersteigt die der Verdunstung lediglich im Winter, wodurch das Gebiet „als semiarid zu bezeichnen ist" (Meinel 2002: 20). Die potentielle Evapotranspiration steigt in Bereichen der Trockensteppe Kulundas während der Vegetationsphase häufig auf 1200 mm zu 150 mm Niederschlag (Meinel 2002: 66).

Im Frühjahr und Sommer treten während der Vegetationsphase an bis zu 10 Tagen Trockenwinde auf, die eine hohe Bedeutung für die „Erosivität des Klimas" (Meinel 2002: 20) haben, da hier der Bewuchs auf den Getreidefeldern noch zu gering ist (ebd.).

Die geringen Niederschläge und die kurze Vegetationsperiode lassen nur geringen Baumbewuchs zu, was die Baumfreiheit der Steppe erklärt. Die humid-trocken Grenze verläuft im Bereich der Waldsteppe, so dass hier bei besserem Wasserdargebot vermehrt Bäume vorkommen (Lydolph 1990: 94). Insbesondere in den südlicheren Teilräumen ist zudem die Wahrscheinlichkeit von Dürren hoch (ebd.).

2.2 Böden der Steppen

Wie die Vegetation bereits vermuten lässt, bilden typische Steppenböden, wie Chernozeme und Kastanozeme, die Leittypen der Böden (Eitel 2006: 109 ff.).

Dabei bildet die Waldsteppe den nördlichen Teil des Schwarzerdengürtels der ehem. Sowjetunion, wie er aus Abbildung 2 ersichtlich ist. Die natürliche Grasvegetation sorgte für einen humusreichen Oberboden. Durch die humid-trocken Grenze, die das Gebiet der Waldsteppe überspannt, kommt es zudem zu einem optimalen Nährstoffgehalt des Bodens (Lydolph 1990: 94). Die aufgrund ihrer schwarzen Färbung Schwarzerde bzw. *Chernozem* genannten Böden zählen zu den ertragfähigsten weltweit (Khmelev/Tanasienko 2009: 631). Sogenannte *degradierte Chernozeme* befinden sich an den Baumbeständen der Waldsteppe. Der Baumbestand sorgte hier für eine natürliche Auslaugung der Böden (Lydolph 1990: 94).

In der Steppe finden sich überwiegend Kastanozeme, jedoch auch südliche und gewöhnliche Chernozeme. Dabei besitzen die Kastanozeme zwar einen geringeren Humusanteil und somit eine hellere Färbung als die Chernozeme, sind aber immer noch äußerst ertragsfähig, sofern ein ausreichender Wasserhaushalt gewährleistet ist (Lydolph 1990: 95).

Die hohe Ertragsfähigkeit der Böden spielt für die Landnutzung in den Steppenregionen eine große Rolle, insbesondere, um dort Ackerbau im großen Maßstab zu betreiben. Diese Nutzung, verbunden mit dem Klima ist letztendlich auch der

Hauptgrund, weshalb es im Bereich der landwirtschaftlich genutzten Flächen zu Degradation kommt.

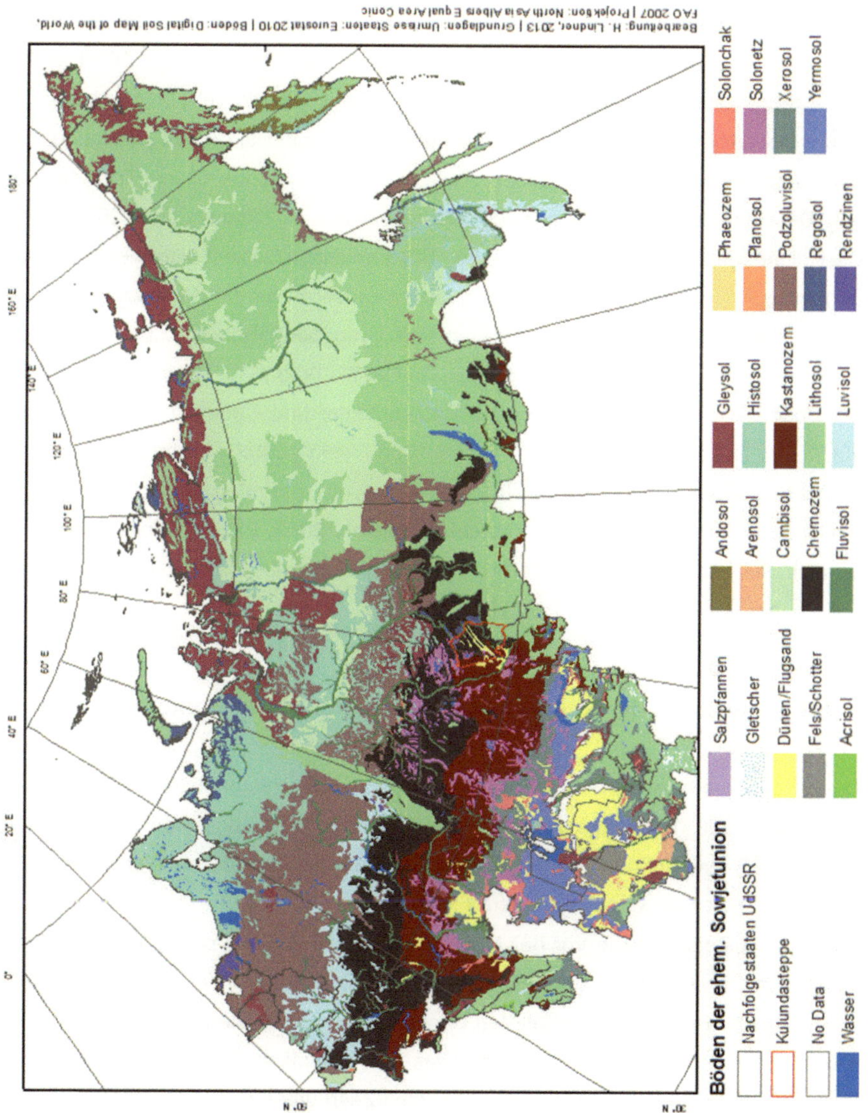

Abb. 2: Übersicht über die Böden der ehem. Sowjetunion (Hauptbodengruppen zusammengefasst)
(eigene Darstellung, Grundlagen: Eurostat 2010, FAO 2007, BGR 2007).

2.3 Überblick über die Beispielregion Kulundasteppe

Die Kulundasteppe gehört der russischen Region Altai an und befindet sich in Westsibirien in unmittelbarer Nähe zur kasachischen Grenze (vgl. Abb. 2). Sie ist der südöstliche Ausläufer des südrussischen Steppengürtels (Meinel 2002: 16). Die Kulundasteppe grenzt im Südosten an das Altai-Gebirge an und geht im Nordosten im Raum Novosibirsk in die Barabasteppe über. Damit bildet sie einen Übergang von der Kurzgrassteppe zur Waldsteppe. Teile der Kulundasteppe bilden Trockensteppen. Die Höhenlage erstreckt sich von 100 bis 140 m a.s.l. (Rudaya et al. 2012: 32).

Die Kulundadepression ist durch eine 50 - 60 m mächtige Schicht alluvialer Sedimente überdeckt (Rudaya et al 2012: 32 f.). Charakteristisch für die Kulundasteppe sind zudem die zahlreichen Salzwasserseen, mit ihren periodischen Zuflüssen. Diese weisen ebenfalls auf die dort herrschende Aridität hin (ebd.).

Als Böden kommen hier überwiegend Kastanozeme und Chernozeme vor (Meinel 2002: 21). Dabei befinden sich im Norden und Osten südliche Chernozeme, die in südlicher Richtung in dunkle Kastanozeme bzw. im zentralen Bereich der Kulundasteppe in helle Kastanozeme übergehen (Meinel 2002: 23). In Senken sowie im Bereich der Flüsse und Salzseen sind diese mit Solonchaken und Solonetzen vergesellschaftet (Meinel 2002: 23, Eitel 2006: 113).

2.4 Landnutzung der Kulundasteppe im historischen Kontext

Da Bodendegradation ein überwiegend anthropogenes bzw. -induziertes Problem ist - Kust et al. (2011: 16) spricht in diesem Zusammenhang sogar von „technogen" - wird hier auf die Landnutzung der Steppenregionen der UdSSR, bzw. stellvertretend hierfür, der Kulundasteppe besonders eingegangen.

Die Kulundasteppe wurde vor der Neulandaktion 1954/55 nur wenig landwirtschaftlich genutzt. Erst ab etwa 1860 wurden Bauern in der Region Kulunda sesshaft und ackerbauliche Entwicklungen konnten erfolgen. Zuvor lebte die Bevölkerung seit der Eisenzeit als nomadische Viehzüchter. Dies war vermutlich auf häufige Veränderungen von Klima und Vegetation in relativ kurzen Zeiträumen während der kleinen Eiszeit zurückzuführen. Erst ab Mitte des 19. Jahrhunderts war ein signifikanter Zustrom der Bevölkerung zu verzeichnen (Rudaya et al. 2012: 40 f.). Gab es zu Beginn des Mittelalters noch eine Zunahme des Waldes (Kiefer und Birke) (Rudaya et al. 2012:

39 f.), schritt dieser seit Beginn der Besiedlung durch russische Bauern wieder zu-rück und die offene Steppe setzte sich durch (Rudaya et al. 2012: 41.). Anschließend wurde der Bereich der Kulundasteppe nur wenig ackerbaulich genutzt. Auf Grund von Dürren kam es vor dem 2. Weltkrieg bereits zu zahlreichen Wüstungen von Dör-fern (Meinel 2002: 37).

Mit dem Ziel, die sowjetischen Versorgungsprobleme zu lösen, wurde seitens der Agrarpolitik 1954 das Neulandprogramm beschlossen. Dabei sollten große, bisher nicht oder wenig genutzte Flächen agronomisch erschlossen werden. Aufgrund der ertragfähigen Böden dort, fiel die Wahl unweigerlich auf den Steppengürtel (Altrichter 2007: 142 f.). Mangels einer vorhandenen Agrarkultur mussten zahlreiche Arbeiter angeworben und dort angesiedelt werden. Die Sowchosen, also auf Landwirtschaft spezialisierte Staatsbetriebe hatten Betriebsflächen von 20000 – 40000 ha (Altrichter 2007: 143).

Auch die Kulundasteppe war Teil dieser Neulandaktion. Durch die südlichen Schwarzerden, wie sie in der nördlichen Kulundasteppe vorkommen, verbunden mit vergleichsweise hohen Niederschlägen der Vorjahre, wurde auf hohe Erträge gehofft (Meinel 2002: 37). Dabei wurde jedoch von der zuvor geltenden Tradition abgewi-chen, Getreide nur bis oberhalb der 400 mm Isohyete anzubauen und das Risiko von Ertragseinbußen durch Niederschlagssummen kleiner 250 mm/a wurde in Kauf ge-nommen (ebd.). Im Bereich des Altai-Krai wurden 1954/55 über 2,3 Mio. Hektar Ackerfläche zusätzlich geschaffen (ebd.). Um die politischen Vorgaben zur Flächen-gewinnung zu erfüllen, wurden zusätzlich auch Flächen mit Hangneigungen von bis zu 6° bearbeitet, was mangels entsprechender Landtechnik bis dahin traditionell nicht erfolgte (Meinel 2002: 39). Abbildung 3 stellt in diesem Zusammenhang den Ackerflächenzuwachs in der Kulundasteppe dar.

Anbautechniken wurden aus den bis dahin genutzten, quasi traditionellen Schwarz-erderegionen, wie z. B. der Ukraine genutzt und in den ersten 4 Jahren ununterbro-chen Weizen angebaut. Dadurch kam es zu Winderosionsereignissen (ebd.).

Auch wurden und werden die Flächen häufig gepflügt, obwohl mit der Malzev-Methode schon früh schonendere Bodenbearbeitungsverfahren zur Verfügung stan-den, aber kaum Anwendung fanden (Meinel 2002: 39). Die Malzev-Methode ist weni-ger tiefgründig und wendet das Substrat nicht, des Weiteren bleiben die Stoppeln der Frucht senkrecht stehen, wodurch eine zusätzliche Hemmung der Winderosion er-zielt wird. Zusätzlich wurden Windschutzstreifen angelegt (Larionov 1997: 5 ff.,

Meinel 2002: 39). Jedoch kommt der Bodenbearbeitung eine nicht unwesentliche
Rolle in der Beeinflussung des Bodenzustandes zu (Damann et al. 2009: 47).

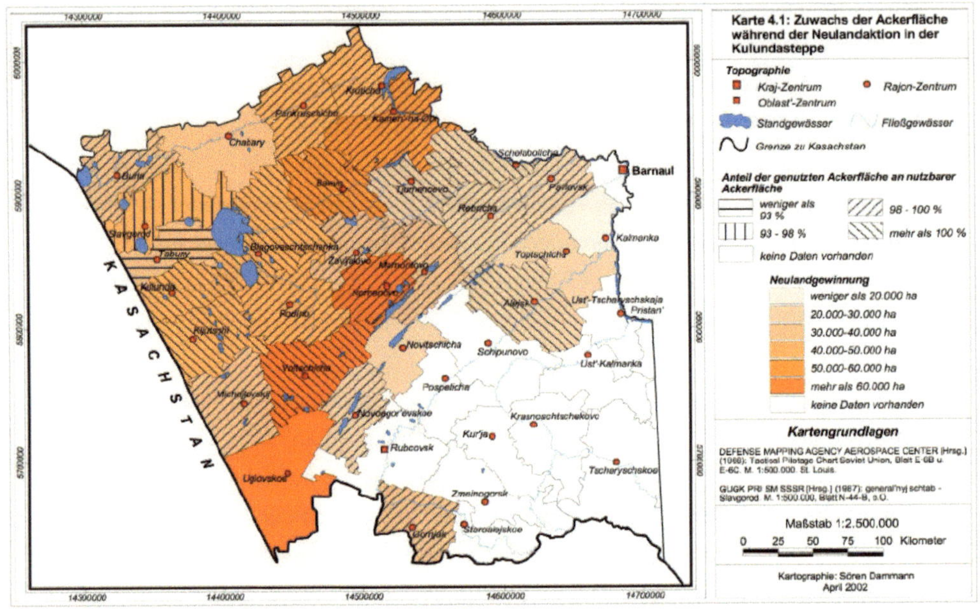

Abb. 3: Ackerflächenzuwachs durch die Neulandaktion (Quelle Meinel 2002: 38).

Ab 1965 wurden Fruchtfolgen und Brachejahre eingeführt, die sich an den Niederschlägen orientierten. Schwarz- bzw. Trockenbrachen wurde zur Wasseranreiche-
rung genutzt (Meinel 2002: 39).

Nach dem Zerfall der Sowjetunion und damit dem Wegfall der zentralen Führung,
kam es zu einer Umkehr: weg von Minimalbodenbearbeitung, zurück zur traditionellen Methoden; mit all ihren Nachteilen (Meinel 2002: 40). Mit der Zeit wurden die Ertragseinbußen immer größer (Abb. 4). So sank der mittlere Ertrag im Altai-Krai von
1290 kg/ha 1984 – 1989 auf 770 kg/ha während der Jahre 1995 - 1999 (Paramo-
nov/Ishutin 2009: 433).

Auch heute wird die Landwirtschaft in der Kulundasteppe hauptsächlich im Regenfeldbau praktiziert. Bestimmte Kulturen, häufig Viehfutter, welche ein höheres Wasserdargebot benötigen, werden auf ausgedehnten, bewässerten Flächen angebaut.

Diese machen in der Kulundasteppe ca. 5 – 15 % der ackerbaulich genutzten Flächen aus und befinden sich meist in unmittelbarer Nähe zu Viehzuchtbetrieben (Meinel 2002: 68 ff.).

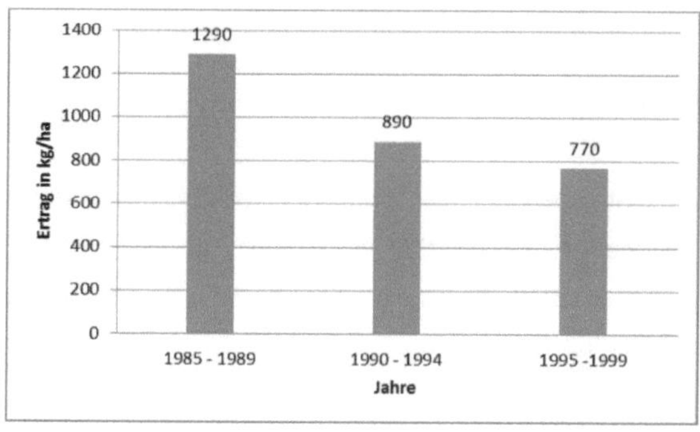

Abb. 4: Reduktion der Ertragsfähigkeit in der Kulundasteppe 1985 - 1999 (eigene Darstellung, Daten: Paramonov/Ishutin 2009: 433).

3 Problematik der Bodendegradation in Steppen der ehem. Sowjetunion

Seit dem Bodenumbruch durch die Neulandaktion kommt es zu verschiedensten Degradationserscheinungen in den Steppen (Larionov et al. 1997: 1), dabei allgemein zu Desertifikationserscheinungen, wie z.B. Deflation, Erosion und Bodenversalzung (Paramonov/Ishutin 2009: 433) aber auch Bodenkompaktion wird immer bedeutender (Khmelev/Tanasienko 2009: 635).

Bezogen auf ganz Russland wurden 300.000 km² ackerbaulich genutzter Böden durch Wasser erodiert. 79.000 km² sind von Winderosion betroffen; rund 7.700 km² bewässerter Flächen von Versalzung. Dadurch sinkt die Ertragsfähigkeit der Böden in den Steppen um 36 % (Kust et al. 2011: 14). Die Situation ist in den übrigen Ländern der ehem. Sowjetunion, die ebenfalls Anteile an den eurasischen Steppengürtel haben, so u. a. die Ukraine, Aserbaidschan, Armenien und Georgien, vergleichbar (ebd.).

Die Desertifikationserscheinungen beschränken sich dabei nicht nur auf Wüsten und Halbwüsten sondern weiten sich insbesondere in die Trocken- sowie die typische Steppe bzw. den subhumiden Gürtel Russlands aus (Kust et al. 2009: 16).

Im Folgenden soll nun wieder schwerpunktmäßig die Degradation in der Kulundasteppe behandelt werden. Denn hier lassen sich bei über 86% der Ackerflächen
Indikatoren der Desertifikation beobachten (Paramonov/Ishutin 2009: 433). In der
Kulundasteppe dominiert die Winderosion, wie es sich im Folgenden darstellt.

3.1 Winderosion

Winderosion in den Steppenregionen Russlands ist bereits von nomadischen Stämmen aus dem 13. und 14. Jahrhundert überliefert. Seit Ende des 19. Jahrhunderts
werden Staubstürme erwähnt (Larionov 1997: 1). Mit der Ausweitung der Ackerflächen während der Neulandaktion nahm auch die Zahl der Staubstürme stark zu. Ein
Großteil der hinzugewonnenen Flächen befand sich in Bereichen mit extrem starken
Winden; gleichzeitig fand ein Umschwenken der Landwirtschaft von eher kleinflächiger Produktion zu agroindustrieller Reihenproduktion statt, die sich ihrerseits wiederum als besonders anfällig für Winderosion darstellte (ebd.). Dies führte zu einer
Häufung der Staubstürme: im Nordkaukasus wurden bis 1930 fünf Staubstürme registriert; in den folgenden 40 Jahren stieg diese Zahl auf 29 (ebd.).
Winderosion konzentriert sich in Russland auf die waldfreien Steppen im Süden des
Landes; von der Westgrenze bis in das Einzugsgebiet des Amur (Larionov 1997: 5).
Für die Kulundasteppe gilt, dass auch hier seit der Neulandaktion verstärkt Winderosion aufgetreten ist. Die von Hassenpflug (1998: 78) für Winderosion beschriebenen,
typischen Deflations- und Akkumulationsräume können jedoch nicht vollkommen auf
die Kulundasteppe projiziert werden. Sandanreicherungen an der Oberfläche, wie sie
bei typischen Deflationsgebieten entstehen, lassen sich bedingt durch die ständige
Bodenbearbeitung visuell nicht feststellen. Akkumulationszonen werden an Straßen
und Straßengräben häufig gefunden. Auch können durch Saltation und Reptation
Partikel transportiert werden, die sich bei nachlassendem Wind auf einer zuvor ausgeblasenen Fläche akkumulieren. Damit werden die Grenzen der Akkumulations-
bzw. Deflationsräume undeutlich (Meinel 2002: 41).
Deflationsräume lassen sich jedoch anhand der Profileigenschaften sowie am Humusgehalt identifizieren. So wurde beispielsweise an einem Bodenprofil einer Ackerfläche eine Verkürzung des Ap-Horizonts um 15 cm gegenüber einem
unbearbeiteten Referenzprofil gemessen, auch war der Humusgehalt um 50% reduziert (Meinel 2002: 43 f.). Neben diesem Humusverlust zeigte sich auch ein Verlust

der Korngrößenfraktion im Bereich von 0,01 - 0,05 mm, was in der Kulundasteppe eine Besonderheit darstellt, da hier durch die klimatischen Randbedingungen die kohäsive Bindung gehemmt wird (Meinel 2002: 44 f.).

Ein Bereich mit Akkumulation konnte ebenfalls an einem Profil identifiziert werden, hier lag ein fossiler Ah-Horizont „unter einer ca. 70 cm mächtigen Akkumulation in einem Windschutzstreifen" (Meinel 2002: 45) vor. Anhand von Cs^{137}-Isotopen konnte festgestellt werden, dass dieser Horizont erst nach Kernwaffentest 1949 überdeckt wurde (ebd.).

Es lässt sich zusammenfassen, dass im Bereich der Windschutzstreifen, wie auch an Straßen und Wegen, verstärkt Akkumulation stattfindet. Im zentralen Bereich der einzelnen Felder findet Deflation statt.

Meinel (2002: 58 ff.) bildet für die Quantifizierung der Bodenschädigung durch Winderosion drei Kategorien: *mäßig* (Kategorie1)*, mittel* (Kat. 2) und *stark* (Kat. 3) *geschädigte Böden*. Deren räumliche Verteilung wird in Abb. 5 dargestellt.

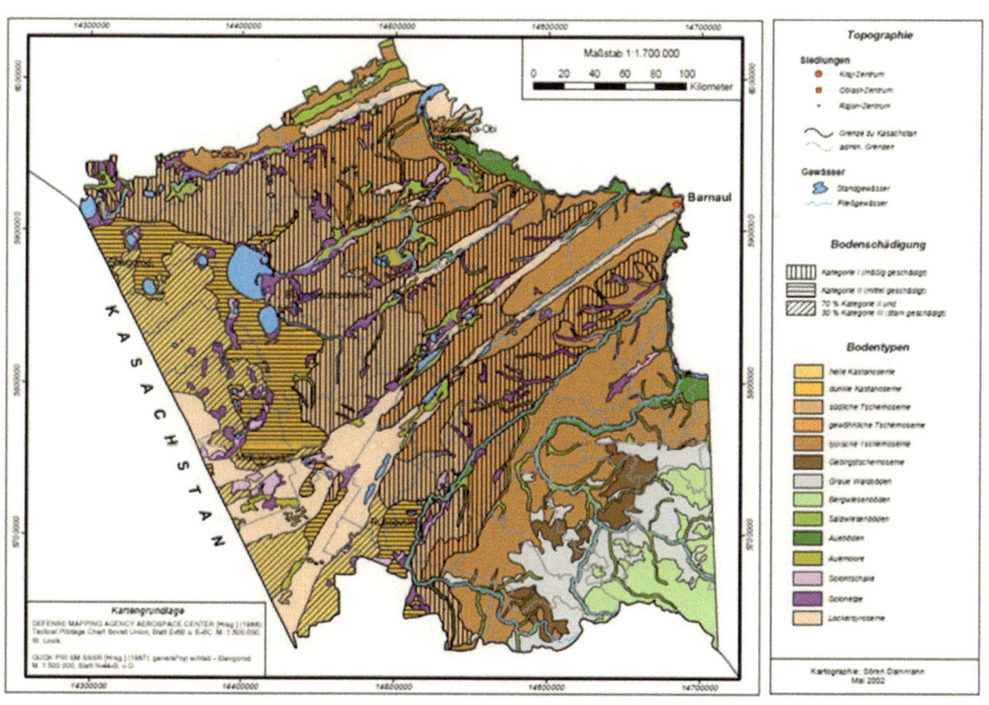

Abb. 5: Verbreitung der Bodentypen und -schädigung in der Kulundasteppe (Meinel 2002: 60).

Dabei gilt für die 1. Kategorie eine Bodenverlustrate von < 25 m³/ha und für die Zweite eine Rate von > 25 m³/ha. Böden der Kategorie 3 weisen die stärkste Degradation des Bodens auf bzw. sind von Desertifikation bedroht (Meinel 2002: 58).

Nach der Kartierung durch Meinel (2002) „sind 0,5 Mio. ha. der ackerbaulich genutzten hellen Kastanoseme bereits irreversibel geschädigt, so dass eine künftige ackerbauliche Nutzung nahezu ausgeschlossen scheint" (Meinel 2002: 61).

3.2 Wassererosion

Die fluviale Erosion beschränkt sich im Bereich der Kulundasteppe auf den südlichen Teil. Vereinzelt tritt auf schwachgeneigten Feldern Rillenerosion auf. Das flache Relief mit einem maximalen Höhenunterschied von unter 150 m in der gesamten Kulundasteppe bietet hier zu wenig Reliefenergie, um eine bedeutende Erosion hervorzurufen (Meinel 2002: 61).

Im Bereich des Flusses Kutschuk tritt an Hochflächen, entlang von dessen Zuflüssen, rückschreitende Erosion in Form von Rinnenerosion auf. Hier kann eine deutliche Gullybildung erkannt werden (Meinel 2002: 62). Meinel (2002: 63) ist jedoch unsicher darüber, ob die Gullys (im russ. „ovrag") auf die Landnutzung zurückzuführen sind oder bereits zuvor angelegt wurden. Die Geschwindigkeit der rückschreitenden Erosion beziffert Demin 1993 (zit. in Meinel 2002: 63) mit 0,3 – 1,0 m/a.

Wichtiger ist jedoch, dass Windschutzanlagen Wassererosion anscheinend begünstigen (Meinel 2002: 63). Dieses Phänomen tritt nahe der Kulundasteppe am Fluss Alej auf und wurde bislang kaum beachtet: durch die Akkumulation von Schnee an den Schutzstreifen kommt es zwangsläufig zu einem verstärkten Schmelzwasserabfluss. Bei im Hang angelegten Windschutzanlagen kann sich das Schmelzwasser konzentrieren und führt so zu massiver Gullyerosion (Abb. 6) (Meinel 2002: 64). Meinel (2002: 65) geht ferner davon aus, dass dieser Erosionsprozess im Altaivorland und in der Kulundasteppe zukünftig eine wachsende Rolle spielen könnte.

Wassererosion mit ausgeprägter Gully-Bildung findet ferner am Priobskoe-Plateau, in der Salair-Ebene und der Kolyvan-Tomsk-Erhebung an Flächen mit 5 – 8 Grad und mehr Hangneigung statt (Khmelev/Tanasienko 2009: 638). Diese Schluchten entwickeln sich ebenfalls von Flusstälern aus und vergrößern sich rückschreitend mit durchschnittlich 5 - 10 m/a, teilweise bis zu 50 m in Niederschlags oder Schneereichen Jahren (ebd.).

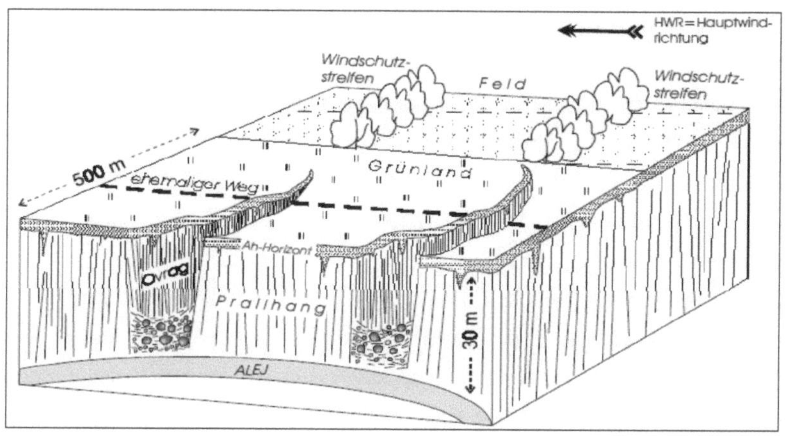

Abb. 6: Blockschema schmelzwasserbedingte Gullyerosion an Windschutzanlagen (Quelle: Meinel 2002: 64).

3.3 Bodenkompaktion

Kust et al. (2011: 16) nennt Bodenkompaktion als eine weitere Komponente der Degradation im Kaukasus und Westsibirien. Dabei spielen sowohl die Verdichtung des Bodens durch die Auflast schwerer landwirtschaftlicher Maschinen eine Rolle, wie auch durch die Bearbeitungsmethoden (ebd.).

Khmelev/Tanasienko (2009: 635) geben dazu an, dass die Makrostruktur des Oberbodens der Chernozeme im Oblast Novosibirsk, dort besonders in der Baraba- und der Kulundasteppe, sehr schlecht ausgeprägt ist. Besitzt der unkultivierte Oberboden eines Chernozems einen Anteil an Bodenaggregaten mit einer Korngröße größer 0,25 mm von 71 - 77 %, so sinkt dieser auf 17 - 35 % in seit längerer Zeit gepflügten Böden. Bei Aggregaten größer 1 mm beträgt deren Anteil im unbearbeiteten Boden 45 - 57 %, im Bearbeiteten nur noch 3 - 6 % (ebd.). Diese Zerstörung des Gefüges und die Zerkleinerung der Aggregate führen zu einer Verdichtung des Oberbodens und damit zu einer Veränderung der Wasserdurchlässigkeit. Die verminderte Infiltrationsleistung führt zu verstärktem Oberflächenabfluss von Schmelz- wie auch Niederschlagswasser, kann damit fluviale Erosion begünstigen und verändert somit auch den Bodenwasserhaushalt und verschlechtert die Wasserverfügbarkeit für Pflanzen (Khmelev/Tanasienko 2009: 635, Blume et al. 2010: 508 f.).

3.4 Bodenversalzung

Bodenversalzung ist ein weiteres wichtiges Thema in den Steppen der ehem. UdSSR (Kust et al. 2011: 15). Abbildung 2 lässt bereits auf eine weite Verbreitung von Salzböden wie Solonchake und Solonetze schließen, die sich im Bereich des Steppengürtels, nördlich des Kaspischen Meeres, aber auch in den Steppen östlich des Urals konzentrieren.

Generell ist das Vorkommen solcher Böden an die Geochemie der Steppenböden gebunden. Russland besitzt die größten Vorkommen von natriumreichen Böden (Kust et al. 2011: 16). Hinzu kommt ein kapillarer Aufstieg von brackigem Grundwasser in Senken (Eitel 2006: 113) wie auch durch dessen Eindringen durch den Anstieg des Meeresspiegels im Kaspischen Meer (Kust et al. 2011: 17).

Die Kulundasteppe ist bedingt durch ihre Semiaridität prädestiniert für eine natürliche Bodenversalzung (Meinel 2002: 66). Weniger die Tagwasserversalzung, also die Salzanreicherung durch Niederschläge (Blume et al. 2010: 339), wie sie in der Kulundasteppe nur in Senken vorkommt, spielt hier eine Rolle, sondern Grundwasserversalzung (Meinel 2002: 66). „An grundwassernahen Standorten verursacht kapillarer Aufstieg eine Salzakkumulation im Oberboden" (Meinel 2002: 66), woraus Solonchake wie auch Solonetze resultieren. In der Kulundasteppe existieren solche oberflächennahen Aquifere - und damit auch diese Böden - nahe der abflusslosen Salzseen sowie der dazugehörigen periodischen Zuflüsse (vgl. Abb. 5) (ebd.).

Anthropogene Versalzungstendenzen lassen sich in der Kulundasteppe durch Regenfeldbau ausschließen. Der Bewässerungsfeldbau, der bis zu 15 % der Flächen ausmacht, ist dabei durch die veralteten Bewässerungstechniken (Berieselungsanlagen) und die Praxis nur bei Tage zu beregnen, im Bezug auf sekundäre Versalzung wesentlich gefährlicher (Meinel 2002: 71).

4 Maßnahmen gegen die Bodendegradation

Seit den 40er Jahren des 20. Jahrhunderts werden in erster Linie Maßnahmen gegen die Winderosion getroffen. Dazu wurden Gehölzstreifen aus Birken, Pappeln oder Ahorn, in regelmäßigen Abständen angelegt (Larionov et al. 1997: 5 ff., Paramonov/Ishutin 2009: 433). Sie wirken Erosionserscheinungen entgegen, in dem sie zum einen die Windgeschwindigkeit in Bodennähe reduzieren, zum anderen den Oberflächenabfluss senken und das Mikroklima der Felder sowie die Bodenbildung beeinflussen. Ferner wird die Artenvielfalt erhöht (Paramonov/Ishutin 2009: 433).

Jedoch benötigen die Windschutzstreifen Pflege: Rückschnitt und Beseitigung von Totholz gehört ebenso dazu wie das Erneuern von beschädigten Streifen. Diese Tätigkeiten wurden jedoch im Altai-Krai, somit in der Kulundasteppe, wie auch im übrigen Russland vernachlässigt. Auch das Abbrennen von Stroh auf den Feldern sowie unlauteres Fällen von Bäumen führten vielerorts zur Zerstörung von Windschutzstreifen (ebd.).

Paramonov/Ishutin (2009: 434 f.) fordern daher eine Verbesserung der Situation und sehen in der Neuanlage und Instandsetzung der Windschutzanlangen die einzige Möglichkeit den Degradationserscheinungen entgegen zu wirken. Dabei sollten 2000 - 2200 Bäume pro Kilometer Schutzstreifen gepflanzt werden (Paramonov/Ishutin 2009: 434). Alte, tote Streifen zeigten, dass sich Birken für die Anlage am besten eignen, während Pappel und Ahorn in trockeneren Klimaten stärker zu Verlusten neigen. Je nach Klima sollen auch die Felder, die von den Anlagen geschützt werden unterschiedlich dimensioniert sein von 25 ha in der Trockensteppe bis hin zu 40 ha in der Waldsteppe (ebd.).

Ein weiterer wichtiger Punkt in der Bodendegradationsbekämpfung ist die Nutzung von geeigneten bzw. angepassten Agrartechnologien. Der naturräumlichen Ausstattung geschuldet ist auf Grund der hohen Niederschlagsvariabilität während der Vegetationsperiode ein geringer Bodenwasservorrat. Der Bodenwasserhaushalt kann durch entsprechende Bearbeitungvorgänge verbessert oder verschlechtert werden. Bodenkompaktion, die ebenfalls durch Bodenbearbeitungsvorgänge hervorgerufen wird (s.o.) verschlechtert den Bodenwasserhaushalt. Damann et al. (2011: 47) hält fest, dass so wenige Bearbeitungsvorgänge wie möglich durchzuführen sind. Als probatestes Mittel hat sich die Direktsaat ohne Bodenbearbeitung erwiesen, da hiermit auf Versuchsflächen in der Kulundasteppe die größten Erträge erzielt werden konnten. Auch wurde bei der Direktsaat ein deutlich verbesserter Bodenwasserhaushalt erreicht, da die Böden weniger Wasser durch Verdunstung verlieren, als es bei konventionellen Anbaumethoden insbesondere beim Pflügen der Fall ist (ebd.).

Auch Meinel (2002: 56) sieht in einer Kombination aus Windschutzanlagen und Anpassung der Nutzung und Bearbeitung den effektivsten Erosionsschutz.

5 Fazit

Die ehemalige Sowjetunion bzw. ihre Nachfolgerstaaten haben einen großen Anteil am eurasischen Steppengürtel. Um eine wachsende Bevölkerung autark zu ernähren mussten Ackerflächen hinzugewonnen werden. Die Steppen stellten dafür mit ihren Cherno- und Kastanozemen Gunsträume in Bezug auf die Ressource Boden dar.
Einer dem Naturraum nicht angepasste und sehr intensive agrarische Nutzung der Steppen folgten massive Degradationserscheinungen bis hin zu Desertifikationsformen.
Falsche Landtechnik, veraltete Bewässerungsanlagen und mangelhafte Nutzungskonzepte trugen so zu Wind- und Wassererosion aber auch zu Bodenkompaktion und –versalzung bei. Wobei gerade in der hier genauer betrachteten Kulundasteppe die Winderosion das größte Problem darstellt. Hierdurch ging die Ertragsfähigkeit der Böden stark zurück. Eine massive Bodenschädigung wurde sowohl in der Kulundasteppe als auch in den übrigen Regionen festgestellt. In den Steppenregionen der ehemaligen Sowjetunion existieren noch weitere Formen der Bodendegradation, die hier nicht alle beachtet werden konnten. An dieser Stelle sei auf Kust et al. (2011) verwiesen; hier wird ein weit umfassenderer Überblick gegeben.
Nach dem Zusammenbruch der Sowjetunion wurden Windschutzanlagen teilweise nicht mehr gepflegt oder gar geschädigt, sodass diese ihre Funktion verloren.
Gemeinsam mit einer verbesserten Nutzung der Ackerflächen stellt die Anlage von Windschutzstreifen eine Möglichkeit der Konservierung der Böden dar und kann so einer weiteren Degradation entgegenwirken. Die Findung solcher Nutzungskonzepte und die Entwicklung entsprechender Techniken ist aktuell Gegenstand der Forschung.

6 Literaturverzeichnis

Altrichter, H. (2007³): Kleine Geschichte der Sowjetunion: 1917 – 1991. München: Verlag C.H. Beck oHG.

Berg, L.S. (1950): Natural Regions oft he USSR. New York. Macmillan.

BGR (2007): World Reference Base for Soil Resources 2006 - Ein Rahmen für internationale Klassifikation, Korrelation und Kommunikation - Erstes Update 2007 - Deutsche Ausgabe. Hannover: Bundesanstalt für Geowissenschaften und Rohstoffe.
<http://www.bgr.bund.de/DE/Themen/Boden/Produkte/Schriften/Downloads/WRB_deutsche_Ausgabe.pdf?__blob=publicationFile>
abgerufen 06.05.2013

Blume, H.-P./Brümmer, G.W./Horn, R./Kandeler, E./Kögel-Knabner, I./Kretzschmar, R./Stahr, K./Wilke, B.-M. (2010¹⁶): Scheffer/Schachtschabel - Lehrbuch der Bodenkunde. Heidelberg: Spektrum Akademischer Verlag.

Damann, S./ Meinel, T./Beljaev, V. I./Frühauf, M. (2011): Einfluss verschiedener Bodenbearbeitungsmethoden auf Bodenwasserhaushalt und Pflanzenproduktion in Trockengebieten. In: Hallesches Jahrbuch für Geowissenschaften, 32/33. S. 33 - 48.

Eitel, B. (2006³): Bodengeographie. Braunschweig: Westermann.

Eurostat (2010): Verwaltungseinheiten/Statistische Einheiten - Länder 2010 / Welt. Luxemburg: Eurostat.
<http://epp.eurostat.ec.europa.eu/cache/GISCO/geodatafiles/CNTR_2010_03M_SH.zip>
abgerufen 06.05.2013.

FAO (2007): Digital Soil Map of the World. Rom: Food and Agriculture Organization of the United Nations.

<http://www.fao.org/geonetwork/srv/en/metadata.show?id=14116#>
abgerufen 06.05.2013.

Hassenpflug, W. (1998): Bodenerosion durch Wind. In: Richter, G. (Hrsg.)(1998): Bodenerosion. Darmstadt: Wissenschaftliche Buchgesellschaft.

Khmelev, V. A./Tanasienko, A. A. (2009): Chernozem Soils of Novosibirsk Oblast: Problems of Their Rational Use and Preservation. In: Contemporary Problems of Ecology, 2009, Vol. 2, No. 6. S. 631 – 641.

Kust, G. S./Andreeva, O. V./Dobrynin, D. V. (2011): Desertification Assessment and Mapping in the Russian Federation. In: Arid Ecosystems, 2011, Vol. 1, No. 1. S. 14 – 28.

Larionov, G. A./Skidmore, E. L./Kiryukhina, Z. P. (1997): Wind Erosion in Russia: Spreading and Quantitative Assessment. In: International Symposium on Wind Erosion. Manhattan, KA/USA: Kansas State University.

Meinel, T. (2002): Die geoökologischen Folgewirkungen der Steppenumbrüche in den 50er Jahren in Westsibirien. Ein Beitrag für zukünftige Nutzungskonzepte unter besonderer Berücksichtigung der Winderosion (Dissertation). Halle (Saale): Martin-Luther-Universität Halle-Wittenberg.

Paramonov, E.G./Itushin, Ya. N. (2009): Shelter Belts as a Factor of Ecological Improvement in Steppes of Kulunda. In: Contemporary Problems of Ecology, 2009, Vol. 2, No. 5. S. 433 - 435.

Rudaya, N./Nazarova, L./Nourgaliev, D./Palagushkina, O./Papin, D./Frolova, L. (2012): Mid-late Holocene environmental history of Kulunda, southern West Siberia: vegetation, climate and humans. In: Quarternary Science Reviews 48 (2012). S. 32 - 42.